DEPARTEMENT DE LA GIRONDE — ENSEIGNEMENT AGRICOLE.

PROFESSEUR : M. Aug. PETIT-LAFITTE.

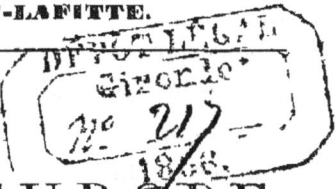

LE

TABAC EN EUROPE

EN FRANCE

ET DANS LA CI-DEVANT PROVINCE DE GUIENNE

> « La nature n'a jamais rien produit dont
> » l'usage se soit étendu si universellement
> » et si rapidement. »
>
> (LIGER : *La Nouvelle Maison rustique.*

La grande propagation du tabac, parmi les nations modernes, est un fait unique dans l'histoire de l'agriculture, et l'on doit se demander comment il a pu se faire qu'une plante, sans utilité pour l'alimentation des hommes et des animaux, sans utilité pour les arts, ait pu devenir en peu d'années, tout à la fois, l'objet d'une culture étendue, d'un commerce considérable, d'une fabrication active, d'une consommation générale et d'un impôt extrêmement productif.

Parmi les autres plantes que nous devons aussi au Nouveau-Monde, on peut bien il est vrai, citer la pomme de terre, devenue en peu de temps aussi et dans tous les pays une des principales dépendances de l'agriculture, une des conditions essentielles du chiffre qu'atteignent aujourd'hui les populations de l'Europe. Mais ici il y a la raison que révéla immédiatement l'usage de ce précieux tubercule pour l'alimentation des hommes et des animaux et que confirmèrent, de la manière la plus éclatante, les disettes de la fin du XVIIIe et du commencement du XIXe siècle.

Bien différent, à ce point de vue, pour se répandre comme il l'a fait, le tabac a dû, non s'offrir à un besoin déjà constaté, comme celui de l'alimentation ; mais faire naître ce besoin jusque-là inconnu, le créer avec des chances de progrès dont nous ne saurions encore apercevoir les limites.

De ce fait, extrêmement remarquable nous le répétons, est encore résulté, pour le tabac, un avantage sans exemple, dont les états modernes ont su tirer le plus grand parti et que M. Royer, dans son livre intitulé : *Administration des richesses et statistique agricole de la France*, a raison de présenter comme en dehors de tous les calculs et de toutes les prévisions humaines. « Le tabac, dit-il, peut être considéré comme le chef-d'œuvre de la création entre toutes les matières les plus éminemment imposables ; il semble que la Providence ait voulu-montrer en lui le type des ressources financières ».

Qu'on réfléchisse en effet que cette ressource précieuse se présenta, juste au moment où les différents budgets de l'Europe, par des causes diverses que nous n'avons pas à apprécier ici, se trouvaient avoir atteint à-peu-près tout ce qui était imposable, tout ce qui pouvait supporter une taxe au profit du trésor public. Alors et sans qu'on eût pu le prévoir, un genre de consommation nouvelle se révéla qui n'intéressait ni directement, ni indirectement l'existence matérielle des populations, qui ne pouvait motiver ni leur crainte, ni leur irritation ; un genre de consommation néanmoins qu'elles adoptèrent avec toute l'ardeur de la passion et tout l'entraînement de la mode : toutes circonstances éminemment propres à l'établissement d'un impôt, sans cesse progressif pour celui qui le reçoit et tout-à-fait facultatif, tout-à-fait volontaire pour celui qui le paye.

Nous verrons bientôt tous ces faits démontrés par des chiffres ; mais en attendant signalons l'origine du tabac et les progrès rapides de sa propagation, depuis son introduction dans le vieux monde.

On sait que les premiers Européens qui passèrent en Amérique, après sa découverte par Christophe-Colomb, en 1492, n'y étaient point conduits, il s'en faut de beaucoup, par des idées capables de faire connaître ce pays au point de vue de l'histoire naturelle et de la botanique. Dès-lors ce n'est pas à ces premiers moments que pouvait être remarquée une plante herbacée, curieuse, intéressante sans doute, mais dont l'ensemble n'avait rien qui différât essentiellement d'une foule d'autres et dont l'emploi ne pouvait encore être soupçonné.

Un homme, un humble prêtre, qui se dévoua bientôt pour la protection et la défense des populations indigènes, horriblement asservies, Barthélemy Las Casas, à qui la postérité a décerné le glorieux titre d'*Apôtre des Indes*, est le premier qui ait remarqué l'usage que faisaient du tabac les naturels du pays et qui l'ait signalé dans son *Histoire générale des Indes*, publiée à Séville en 1552 (1).

---

(1) Un écrivain français qui porte ce même nom et fait partie de la famille de l'apôtre, a dit de cet homme vertueux, né à Séville en 1474,

Il raconte en effet que deux matelots, envoyés par Christophe-Colomb à la découverte, dans l'île de San-Salvador (2), « trouvèrent en chemin un grand nombre de naturels qui se rendaient à leurs hameaux et qui tenaient à la main, tant les hommes que les femmes, un tison formé d'herbes dont ils aspiraient la fumée...... Ce tison, c'était, dit-il, une espèce de mousqueton bourré d'une feuille sèche, que les Indiens appellent *Tabacos*, et qu'ils allument par un bout, tandis qu'ils hument par l'autre extrémité en aspirant entièrement sa fumée avec leur haleine ».

Ce passage, d'ailleurs fort curieux, d'un ouvrage justement estimé, ferait penser que notre mot *tabac* est aussi emprunté aux Indiens et que l'on se trompe, au contraire, quand l'on suppose qu'il vient de ce que les Espagnols auraient d'abord observé la plante qu'il désigne à *Tabago*, autre île des Antilles.

Cette première observation, ce premier genre d'emploi

---

d'une famille d'origine française et mort évêque de Chiapa (Pérou) à l'âge de 92 ans, ce qui suit : « C'est au milieu des forfaits accumu-
» lés de ceux qui, les premiers, prirent possession du Nouveau-
» Monde, que la Providence, dans ses décrets impénétrables, fit
» briller une de ces pures vertus dont l'apparition rassure et calme
» l'humanité effrayée, dont le souvenir se transmet d'âge en âge et
» dont l'influence s'étend sur les siècles, comme un rayon consola-
» teur, pour ranimer et entretenir dans le cœur des hommes les
« sentiments évangéliques de l'espérance et de la charité »
(Le baron Emmanuel de Las Cazes).

(2) Cette petite île, comprise dans les Antilles, fut ainsi nommée par Christophe-Colomb, comme étant la première dans laquelle il aborda

de la plante dont il s'agit, ne durent pas obtenir alois une bien grande attention : on fut surpris, on constata un usage singulier observé chez des sauvages, mais la vieille civilisation résista d'abord à l'imitation et à la contagion qui devaient plus tard l'envahir. Cependant, il paraîtrait que Christophe-Colomb lui-même, dans une des quatre expéditions qu'il fit, en Amérique, de 1492 à 1502, aurait fait passer en Europe de la graine de tabac ; non sans doute pour les usages usités aujourd'hui et, plus particulièrement, pour celui dont les naturels de San-Salvador avaient pu donner l'idée, mais pour l'emploi de cette plante comme médicament ; emploi qui fut la première cause de l'attention que lui accorda le public et du soin que l'on mit à la répandre dans les jardins.

Telle fût surtout en 1560 la préoccupation de J. Nicot [1], ambassadeur français en Portugal. Mis en possession de quelques graines de la nouvelle plante, soit par suite de l'introduction faite par Christophe-Colomb ou par un autre navigateur célèbre nommé Fernandez de Tolède, soit par des largesses que lui firent des personnes arrivant du Mexique, ou bien, dit-on encore, par un gentilhomme, garde des chartres de Portugal ; l'ambassadeur s'empressa d'envoyer ces grains en France, sous la désignation de graine de *Petum* [2], nom que la plante portait aussi dans

---

(1) Jean Nicot, seigneur de Villemain, secrétaire du roi Charles IX, puis ambassadeur en Portugal, était né à Nîmes, en 1530, fils d'un notaire de cette ville. Il mourut en 1600.

(2) Le nom de *Petum* ou *Petun* paraît en effet avoir été donné au tabac dès son origine, et dans plusieurs parties de l'Europe et de la France qui, les premières, le cultivèrent. Sur ce sujet, M Malaguti, professeur à la Faculté des Sciences de Rennes, a écrit ce qui suit

d'autres contrées du Nouveau-Monde, et d'adresser ces graines à la reine-mère Catherine de Médicis, comme celles d'un vulnéraire incomparable.

On comprendra, au surplus, l'enthousiasme de l'ambassadeur et la haute valeur qu'il devait attacher à son envoi, par le récit suivant des cures dont il avait été témoin : « Un page de l'ambassadeur ayant, par hazard, appliqué le jus et le marc du tabac sur un ulcère malin, qu'un de ses parents avait au nez, le tabac opéra si bien, que, sous les yeux de l'ambassadeur qui en fut averti, et des médecins du roi de Portugal, qu'il fit aussi avertir, le *noli me tangere* (c'est le nom de l'ulcère) guérit parfaitement en dix jours. Quelque temps après, un cuisinier du même ambassadeur, qui s'était coupé le pouce, s'étant rétabli par cinq ou six appareils de tabac ; et vingt jours ensuite, le père d'un autre page du même ministre, s'étant aussi guéri en dix jours, par le tabac, un ulcère qu'il avait à la jambe depuis deux ans ; le fils d'un capitaine, guéri aussi des écrouelles par le même remède : tous ces essais suivis de quelques autres, accréditèrent cette plante si vite et si bien, qu'on ne parlait plus que de l'herbe de l'ambassadeur (3). »

Dans le même moment, bien d'autres personnages eurent

« Il paraît qu'une des contrées de la France qui, les premières, ont
» reçu des graines de tabac est la Bretagne ; en effet, les Bretons
» appellent le tabac *betun*, et, au Brésil, cette même plante est ap-
» pelée *petum*, ce qui ferait croire que c'est sous ce dernier nom
» que les graines lui furent envoyées par Thevet ». Nous verrons
bientôt ce qu'était Thevet et ce qu'il disait avoir fait en cette circonstance

(3) Liger : *Nouvelle Maison rustique*, t 1, p. 629.

occasion aussi de prendre part au mouvement de propagation dont le tabac était l'objet : toujours comme plante
médicinale. De ce nombre furent le grand-prieur de Lis-
bonne, le légat du Pape Santa-Crocé, qui le connurent,
comme Nicot, en Portugal ; les Jésuites de Rome, qui paraissaient en avoir eu des graines directement d'Amérique
Le légat en France, Nicolas Tournabon, etc. C'est ainsi
d'ailleurs que s'expliquent les noms divers donnés à la
plante nouvelle : ceux d'*herbe de l'ambassadeur*, d'*herbe
de la reine*, d'*herbe médicée ;* ceux aussi d'*herbe du grand
prieur*, d'*herbe de Sainte-Croix*, d'*herbe aux Jésuites*,
d'*herbe de Tournabon* (1). C'est ainsi surtout que s'expli-
que celui de *Nicotiane*, que la botanique au moins a pu
conserver à la plante : plus heureuse en cette tentative
qu'en celle faite plus tard, pour donner à la pomme de
terre le nom de son grand propagateur, de Parmentier (2).
Tous ces noms, tant qu'ils ne furent que la constatation
d'une introduction plus ou moins authentique, ne soule-

---

(1) Mentionnons aussi, et cela nous donnera l'idée du commencement de la grande vogue du tabac, le nom de *Buglosse,* nom que porte
encore une plante indigène de la famille des borraginées ; ceux de
panacée antarctique, d'herbe sainte, de *jusquiame du Pérou,* etc

(2) Parmi les moyens nombreux mis en œuvre par le philanthrope
Parmentier, pour propager la pomme de terre que repoussaient les
préjugés populaires, on nous permettra de rappeler les deux suivants:
Une fois il obtint de Louis XVI que le roi de France mettrait, un jour
de grande réception à Versailles, une fleur de pomme de terre à sa
boutonnière. Une autre fois, il fut heureux de voir que, sur les
champs où il avait l'air de les faire garder, on lui volât ses pommes
de terre : *Ils me les volent,* disait-il, *tant mieux ; donc ils s'y ac-
coutument*

vèrent aucune observation. Mais les choses changèrent,
quand on comprit que celui de *Nicotiane* devait être un
témoignage de reconnaissance pour le présent et pour
l'avenir. Alors se firent jour des réclamations passionnées,
et l'on alla jusqu'à contester à Jean Nicot la gloire d'avoir
donné à la France une plante dont on était bien loin, cependant, de soupçonner encore toute la valeur agricole,
industrielle et financière.

Un nommé Thevet (1), notamment, publia un livre
dans lequel se trouve le passage suivant : « Je peux me
vanter avoir été le premier en France qui a apporté la
graine de cette plante, et pareillement semé et nommé la-
dite plante l'*herbe Angoumoise*. Depuis, un quidam qui ne
fit jamais le voyage, quelque dix ans après que je fus de
retour, lui donna son nom. »

Ainsi, encore, on écrivit que le tabac avait bien pu venir
en dernier lieu d'Amérique, mais qu'en réalité cette plante
paraissait indigène au vieux continent, et qu'elle croissait
spontanément, notamment dans les Ardennes. On ajouta,
à la vérité, qu'il eût pu se faire aussi que le vent en avait
apporté les semences d'Amérique en Europe : circonstance
bien extraordinaire sans doute, mais qu'admettent cepen-

(1) André Thevet, successivement cordelier, aumônier de la reine
Catherine de Médicis, historiographe de France, etc., avait fait de
nombreux voyages, tant dans l'ancien que dans le nouveau Monde,
et avait été au Brésil en 1555. L'ouvrage dans lequel il rend compte
de cette dernière expédition fut publié en 1556, c'est-à-dire l'année
suivante, sous le titre : *Les singularités de la France antarctique*,
autrement nommée Amérique. Ce fut alors sans doute, et comme il
le dit, qu'il rapporta de la graine de tabac et qu'il cultiva cette plante
dans son pays, qui était l'Angoumois. Il mourut en 1590.

dant les naturalistes pour des plantes dont les graines, il
est vrai, sont disposées autrement que celles du tabac (1).

Jusque-là, nous le répétons; et jusqu'au temps où écri-
vait Olivier de Serres (1600), en fait de tabac, il ne s'agissait que d'une plante médicinale; d'un vulnéraire d'autant
plus vanté, qu'il venait de loin, qu'il avait eu de hauts
prôneurs, qu'il était encore assez rare. « Cette herbe,
disait le vénérable auteur du *Théâtre d'Agriculture et
Mesnage des champs*, a tiré son nom de messire Jean Nicot, natif de Nisme en Languedoc, jadis ambassadeur en
Portugal pour le roi Henry second : ayant fait venir cette
rare plante des Indes en Portugal, l'envoya après en
France, où elle s'est naturalisée, et pour ses excellentes
vertus est soigneusement conservée dans les jardins y te-
nant rang honorable. On tient que c'est le *Pétun* des Amé-
ricains..... Les vertus de cette plante sont si grandes et en
si grand nombre, qu'à bon droit on l'appelle l'*Herbe de
tous-maux*. »

Dès que le tabac cessa d'être une plante entièrement
médicinale, le premier usage qu'on en fit, en dehors de
cet emploi qui certes ne lui aurait pas assuré la vogue
immense qu'il devait obtenir, fut de s'en servir pour fumer, à l'exemple de ce que les Européens avaient vu chez
les sauvages de l'Amérique. Ce fut le temps où commença
la fabrication des pipes, genre de meuble que comman-

---

(1) Telles sont surtout celles d'une plante de la famille naturelle
des composées, aujourd'hui excessivement abondante dans nos terres
légères : la Vergerette commune (*Erigeron canadense*) Cette plante
a des graines à aigrettes et tellement bien disposées pour être dis-
persées par les vents, que Linné admettait qu'elles étaient ainsi
venues d'Amérique en Europe, traversant le vaste Océan.

dait un usage tout nouveau, et dont la confection devait aussi prendre un très-grand développement et, au besoin, appeler à son aide les arts dont le luxe réclame le concours habituel (1).

Mais, soit qu'on y supposât d'abord quelque danger, ou que l'on regardât cela comme peu en harmonie avec la vieille courtoisie française, il arriva que l'usage de fumer ne persista pas dans les hautes classes de la société, et qu'on substitua à cet usage celui de prendre le tabac en poudre par le nez, de priser, d'user de la tabatière. « Pourquoi, s'écrie un auteur, les femmes ne se sont-elles pas opposées à cette invasion ?...» Les dames seules pouvaient en faire justice, et c'est précisément une grande dame, Catherine de Médicis, qui se chargea de la propager. La tabatière devait naître et mourir dans une tabagie ; il n'en fut pas du tout, c'est du Louvre qu'on la vit sortir pour entrer tout d'abord dans la poche d'un ministre et dans celle d'un cardinal. Tout conspira pour faire la fortune du tabac ; car, au lieu de tourner les priseurs en ridicule, on les persécuta, et il n'en fallut pas davantage pour leur donner de l'importance »

Ces persécutions furent en effet nombreuses et souvent tout-à-fait en désaccord avec l'acte, bien excusable après tout, l'expérience l'a surabondamment prouvé, qu'il s'agissait d'empêcher. Citons d'abord ce qui eut lieu en Turquie et en Perse, où des négociants, mus par l'ap-

_____

(1) « La fabrication des pipes formait un objet assez considérable, » c'était, en 1661, un sieur Monfalcon qui en avait le privilége, en » vertu de lettres-patentes enregistrées en plusieurs cours de parle- » ment » (*Encyclopédie méthodique.*)

pât du bénéfice, avaient cru devoir introduire le tabac.
Le roi de Perse, Seach-Sophi ; l'empereur des Turcs,
Amurat IV, ce dernier, connu d'ailleurs par une sévérité
excessive contre les buveurs de vin . au mépris du Coran,
voulurent qu'on coupât le nez à tous ceux de leurs sujets
convaincus d'avoir fumé ou prisé. Le grand duc de Moscovie
eut recours à la même peine. En Transylvanie, cette peine
fut moins dure sans doute, puisqu'elle ne s'attaqua qu'à
la fortune des délinquants, et cependant on la trouverait
bien forte encore, car elle prononçait la confiscation de
tous les biens contre ceux qui avaient planté du tabac, et
une amende de deux à trois cents florins contre ceux qui
en avaient consommé

Dans les contrées plus policées et où le tabac devait in-
failliblement compter déjà plus de consommateurs, et
parmi eux des consommateurs haut placés, ce fut d'abord
le ridicule qu'eurent à supporter ceux-ci ; puis il se ren-
contra, il est vrai, quelques souverains qui voulurent les
atteindre d'une manière plus directe. En Angleterre, Jacques Ier, connu par ses prétentions à l'érudition, dans un
livre qu'il publia en 1619, et qu'il intitula *Misocapnos* (1),
proclama que le tabac devait être extirpé *comme une mau-
vaise herbe.*

Ici, et avant d'aller plus loin, nous devons dire un mot
de la prétention qu'a élevée ce pays d'avoir connu le tabac
peut-être avant le Portugal, la France et l'Italie, et de l'a-
voir reçu directement, de la contrée où il est indigène, par
l'intermédiaire de son célèbre amiral Drake. Pour nous, et

---

(1) Mot emprunté au grec, et qui signifie : *Ennemi de la fumée,
craignant la fumée,* etc.

pour beaucoup d'autres sans doute, il serait bien difficile aujourd'hui de fixer la question ; toutefois, il est également raconté que la plante avait pénétré dans ce pays sous le règne d'Élizabeth, dans la seconde moitié du XVIᵉ siècle. Un favori de la reine, sir Walter Raleigh, revenant d'Amérique, où il était allé présider l'organisation de quelque établissement anglais, en avait rapporté des feuilles et de la graine de tabac, de même qu'une pipe dont il savait, ajoute-t-on, très-bien se servir.

Revenant à la mention des défenses dont fut l'objet l'usage du tabac, nous devons citer celle du pape Urbain VIII, qui, voyant dans cet usage porté jusque dans le lieu saint, un oubli du respect dû à la Majesté divine, prononça l'excommunication contre quiconque osait priser dans les églises. Enfin, l'impératrice de Russie, Élizabeth, porta une défense analogue, autorisant en outre les surveillants chargés de maintenir le bon ordre dans ces églises, à saisir à leur profit les tabatières des priseurs.

Il y aurait à citer bien d'autres manifestations, dirigées contre la nouvelle plante, mais dont l'effet, à cause de la position de leurs auteurs, ne pouvait avoir, il est vrai, ni la même importance, ni le même retentissement. Seulement, elles ajoutaient à la lutte qui se produisait, qui devenait chaque jour plus ardente, qui passionnait de plus en plus le public de l'un et de l'autre camp.

La presse surtout ne resta pas muette. « On fit, disent les auteurs de l'Encyclopédie, plus de cent volumes à la louange ou au blâme du tabac : un Allemand nous en a conservé les titres. » Certes, nous ne sommes ni assez érudit, ni asez curieux pour exhumer cette immense bibliographie, et l'on nous permettra de nous borner, sous ce rapport aux œuvres qui semblèrent devoir faire le plus de sensation.

Parmi celles qui attaquèrent la plante nouvelle, citons le livre de Lesus, intitulé : *Non ergo alicui bono tabaco capnia per os et nares*, 1628 ; celui de Braum : *De Fumo tabaci* ; celui du médecin-naturaliste Simon Pauli : *De l'abus du tabac*, etc., etc. Parmi celles qui la défendirent, citons également le livre de Néandri : *Tabacologia*, 1622 ; celui de Raphaël Thorius : *Hymnus tabaci*, 1618 (1); celui que mirent en circulation les Jésuites de Pologne, afin de répondre à l'attaque faite par Jacques Ier d'Angleterre et auquel ils donnèrent le nom d'*Anti-misocapnos*.

Mais, encore une fois, ce serait une rude et bien difficile tâche que de revenir sur des ouvrages qui ont pu avoir de l'utilité, du mérite même, à l'époque où régnait la lutte qui les motiva ; mais qui devaient perdre toute valeur, tout intérêt, après l'apaisement de cette lutte : au temps surtout où le triomphe de la plante, attaquée et défendue avec tant de chaleur, était complet et général.

Bornons-nous à transcrire ici le résumé que fait un auteur, déjà cité, des arguments présentés et des considérations développées par ceux qui attaquaient et par ceux qui défendaient. Les premiers disaient : « Que si on prend le tabac par le nez, on se gâte l'odorat et la mémoire ; et que, pris par la bouche, il dérange le cerveau et noircit le crâne. » Puis ils citaient les mesures diverses et déjà

---

(1) Ce personnage cumulait la double qualité de médecin et de poète latin. Il vivait en Angleterre, sous le règne de Jacques Ier. Il aimait, dit sa biographie, passionnément le vin, et mourut à Londres, de la peste, en 1629

rapportées, adoptées contre l'emploi de cette plante; les opinions nombreuses des médecins condamnant cet emploi.

Les seconds répliquaient : « Que c'était le plus riche trésor qui fût venu du pays de l'or; qu'il réunissait en soi ce que les autres plantes n'ont que séparé; que la nature en ayant fait un miracle, elle ne devait pas le cacher pendant 6000 ans à la plus belle partie du monde; qu'elle fut injuste de le réléguer si longtemps parmi les sauvages et les barbares, et d'être moins indulgente pour nous que pour eux; et qu'enfin le tabac marque si bien sa puissance qu'étant réduit en poudre et en fumée, il garde encore tout son prix et sa force. »

Malgré cette lutte, ou plutôt à cause même de cette lutte, car les hommes sont prédisposés de telle sorte, qu'en disant d'une chose et beaucoup de mal et beaucoup de bien, on la recommande également à leurs yeux; malgré cette lutte, disons-nous, le tabac fit son chemin; non il est vrai sans varier ses genres d'emplois. Ainsi, après l'avoir principalement fumé, comme nous le disions ci-dessus, on s'adonna bien plus généralement encore à le priser Ce fut sous le règne de Louis XIII surtout que se propagea ce dernier usage, qu'il envahit et la cour et la ville, pour grandir encore sous le règne suivant et arriver à un tel excès qu'il était de bon ton non-seulement de se bourrer le nez de la poudre sternuatoire, mais d'en barbouiller sa figure, ses vêtements et d'en répandre sur son passage une large traînée. Alors s'établit aussi le luxe des tabatières et le savoir d'artistes qui firent, de plusieurs de ces petits meubles, de véritables chef-d'œuvres. Alors encore les femmes, qui n'avaient osé fumer, saisirent avec emportement, l'occasion qui se présentait à elles de s'as--socier à un des grands entraînements de l'époque. Les migraines, les maux de nerfs, etc., furent les prétextes qui les conduisirent à exposer leurs charmes à un nouveau danger; à joindre la tabatière aux causes qui déjà les pouvaient vieillir : le petit chien et les discussions politiques.

Ajoutons enfin qu'à ces époques, la première qualité du tabac à priser valait dix livres la livre pesant. Or, dans ce haut prix encore il y avait une raison puissante pour fixer la mode : la vanité s'y trouvait intéressée.

Bien qu'il fût possible de rencontrer encore, sous le règne de Louis XIV, alors que le tabac avait décidément triomphé sur toute la ligne et dans toute l'Europe, quelques restes des grandes discussions du règne précédent, il est à remarquer néanmoins qu'à ce moment ces discussions étaient devenues beaucoup plus calmes; qu'elles n'étaient plus que du domaine de la science proprement dite, de la médecine, de la chimie.

C'est ainsi notamment qu'il convient de comprendre, parmi les derniers antagonistes du tabac, le célèbre médecin du grand roi, Fagon, qui soutint, sur cette plante et son usage, la thèse fameuse : *An frequens nicotianæ usus vitam abreviet.* (1)?

C'est ainsi encore qu'il faut voir, dans une pièce du théâtre de Molière, dans le *Festin de Pierre,* une des dernières preuves de l'agitation produite, en même temps

---

(1) On sait, par les mémoires du temps, que Fagon, qui proclamait le tabac, poison plus redoutable que la cigue, plus terrible que le pavot, plus funeste que la jusquiame et la mandragore, prisait lui-même *comme un suisse*

que l'indication des sentiments du public à l'égard des opinions contraires à un usage, dès-lors acquis à la civilisation moderne.

Dans cette pièce, un des personnages, Sganarelle, débute ainsi...: « Quoi que puisse dire Aristote, et toute la philosophie, il n'est rien d'égal au tabac : c'est la passion des honnêtes gens, et qui vit sans tabac, n'est pas digne de vivre. Non-seulement il réjouit et purge les cerveaux humains, mais encore il instruit les âmes à la vertu; et l'on apprend avec lui à devenir honnête homme. Ne voyons-nous pas bien, dès qu'on en prend, de quelle manière obligeante on en use avec tout le monde, et comme on est ravi d'en donner à droite et à gauche, partout où l'on se trouve ? On n'attend pas même que l'on en demande et l'on court au-devant du souhait des gens : tant il est vrai que le tabac inspire des sentiments d'honneur et des vertus à tous ceux qui en prennent (1). »

Au surplus, quand se débitait cet éloge, le tabac n'avait plus à craindre les attaques passionnées auxquelles il avait d'abord donné lieu. La médecine elle-même se rassurait, d'autres objets s'offraient à ses méditations et c'était le tour des chimistes de se rendre compte de la nature de ce

---

(1) Cette idée, de l'influence d'un produit de la culture sur la probité et sur l'honnêteté, n'était pas au temps de Molière une chose entièrement nouvelle Déjà Olivier de Serres l'avait émise, en parlant d'un autre produit qui fut de tous temps la gloire de l'agriculture française, en parlant du produit de la vigne. « Aussi, avait-il dit, » n'est-ce en la cave du grossier paysan, quoique sis en pays de bon » vignoble, que communément on trouve les plus précieux vins, » ains chez les gens de bon esprit, lesquels en rapportent cette » louange : *Que celui est estimé homme de bien qui a de bon vin.* »

produit, en le décomposant, en isolant et étudiant sépa-
rément ses principes constitutifs. C'est là ce que firent
successivement Lémery, Vauquelin, Guiton de Morveau,
etc...

Jusque-là néanmoins, l'Amérique, première source du
tabac consommé en Europe, avait fait les plus grands
efforts pour satisfaire aux demandes de plus en plus considérables qui lui étaient faites de cette plante. Les lieux
de production étaient surtout la Virginie et le Maryland,
d'où l'on en avait extrait, en 1769, 85,119,564 livres
pesant. Mais il arriva bientôt que les terres de ces pays
d'abord si fécondes, se lassèrent d'une production impo-
sée sans ménagements, ainsi que le constate l'auteur de
l'*Histoire philosophique des deux Indes* (1) et que le rap-
pelle Liebig, dans un de ses derniers ouvrages, et comme
exemple des dangers auxquels peuvent exposer les mauvais
systèmes de culture.

Mentionnons de plus Cuba, renommée pour les tabacs
en poudre; Caraque, pour les tabacs à fumer. Nommons
aussi le Brésil, la Louisiane, la Havane, Macouba, Tabaco, Saint-Vincent, etc... Enfin, dans l'Inde proprement
dite, n'oublions ni les Philippines, ni Bornéo.

En Europe les tentatives avaient été aussi promptes et
actives, pour acclimater la plante de plus en plus recher-

_____

(1) « Quoique les campagnes du Maryland et de la Virginie soient
» fort supérieures à toutes les autres, elles ne peuvent être regardées
» comme très-fertiles. Les anciennes plantations ne rendent que le
» tiers du tabac qu'on y récoltait autrefois. Il n'est pas possible d'en
» former beaucoup de nouvelles, et les cultivateurs ont été réduits à
» tourner leurs travaux vers d'autres objets. ». (Tome IX, p. 255)

2

chée et pour la comprendre dans les systèmes de culture suivis. C'est ainsi et comme nous l'avons déjà dit, qu'on l'avait vue s'établir en Portugal, en Espagne, en Italie, en Hollande, en Belgique, etc.... C'est ainsi particulièrement qu'elle avait pénétré en France et d'abord dans ce qui fut jusqu'à la Révolution, la province de Guienne. « Un particulier de Clairac, vers l'année 1630, la porta de l'Amérique dans son pays : il fut le premier qui cultiva et fabriqua le tabac dans ce royaume pour en faire du revenu (1). » Le premier aussi qui créa, pour le pays, un genre de produit dont nous verrons bientôt toute l'importance.

Mais déjà, et depuis longtemps, le tabac avait éveillé l'attention du fisc, qui avait commencé à puiser dans cette mine si naturelle, si facile et désormais si féconde. Louis XIII, par déclaration du 17 novembre 1629, avait mis un droit de 30 sols par livre de *pétun* importé de l'étranger. C'était beaucoup sans doute, pour la valeur de la denrée ; mais ce ne pouvait pas être grand chose, encore comme produit pour l'État, à cause d'une consommation encore restreinte et des difficultés nombreuses que devait offrir la perception. Toutefois le premier pas était fait et il avait donné à penser qu'il pourrait être possible d'aller beaucoup plus loin dans cette voie.

En 1664, le tabac des colonies françaises eut aussi à supporter une taxe. Elle fut d'abord de 4 livres par cent pesant ; mais un arrêt du 1er décembre 1670, la réduisit à 2 livres. Quant aux tabacs étrangers, de la Virginie, du

---

(1) Le chevalier de Vivens : *Observations sur l'agriculture de la Guienne.* 1756 T II, p 52

Brésil, etc..., on s'était contenté également de les frapper d'un droit de 13 livres par cent pesant.

Jusque-là, et après son entrée dans le royaume, nulle autre entrave n'avait été apportée à la libre circulation, au commerce et à la fabrication du tabac. Mais une déclaration du 16 septembre 1674, réserva au roi le privilége exclusif de la vente. Le préambule de cette déclaration est surtout remarquable, en ce sens, qu'on y trouve exposés les motifs qui ont presque constamment maintenu depuis, le tabac sous le régime qui venait d'être inauguré. D'abord, on se fondait sur la grande consommation de la denrée ; on faisait remarquer que d'autres états ayant déjà agi ainsi, la France pouvait les imiter ; enfin on insistait sur ce point qu'il s'agissait d'un objet n'intéressant directement ni l'entretien, ni la santé de la vie. En conséquence une ordonnance fut rendue, portant que le tabac du crû du royaume, celui des îles françaises, celui du Brésil et autres, seraient à l'avenir vendus tant en gros qu'en détail, par ceux qui seraient préposés à cette vente et aux prix fixés par S. M., savoir : celui du royaume à 20 sols, celui du Brésil à 40 sols la livre.

Révocation était faite, par la même ordonnance, de tous priviléges précédemment accordés pour filage et vente de tabac ; de la concession qui avait été octroyée aux hôpitaux de Toulouse, Aix et Marseille, de lever à leur profit un sol par livre sur tous les tabacs entrant en France par les portes de la Provence.

Enfin, il était passé un bail avec un nommé Breton, pour vente exclusive du tabac dans tout le royaume. Ce bail, d'une durée de six ans, devait rapporter au trésor public : les deux premières années, 500,000 liv. ; les quatre dernières, 600,000 liv. par an

L'article 11 de ce bail fixait les ports d'entrée du tabac
Il désignait Rouen, Bordeaux, La Rochelle, Dieppe, Nantes, Saint-Malo, Morlaix.

Les lieux, en France, où se faisait déjà la culture étaient
libres de la continuer, en vendant, eux aussi, aux fermiers du privilége, ou aux étrangers qui avaient permission de venir acheter.

Néanmoins, vu les fraudes qui ne tardèrent pas à être
commises, un arrêté du conseil intervint, le 25 janvier
1676, désignant aussi les ports d'expédition des tabacs
du crû du royaume. Ces ports étaient : Bordeaux, les
Sables-d'Olonne, La Rochelle, Nantes, Morlaix, Saint-
Malo, Dieppe, Saint-Valéri, Narbonne, Cette, Agde, Marseille, Toulon. Toute expédition faite ailleurs était punie
par une amende de 3,000 liv.

Ce fut sans doute le même motif qui donna lieu aux
fermiers de se plaindre encore, et cette fois à cause de
plantations de tabac faites dans des endroits où elles n'é-
taient pas d'usage précédemment; qui motiva le nouvel
arrêt du conseil, du 14 mars 1676. Cet arrêt permettait
aux habitants des généralités de Bordeaux et Montauban,
des environs de Mondragon, Saint-Maixant, Lery et Metz,
de continuer à planter, aux conditions imposées, et défen-
dait à toutes les autres localités de le faire, sous peine de
confiscation des produits et de 1,000 liv. d'amende Un peu
plus tard, le 6 janvier 1677, un autre arrêt désignait d'une
manière précise les communes admises aux bénéfices de
cette plantation. Ces communes formaient ce qu'on quali-
fiait du nom de *Juridiction du crû du royaume,* ou de
celui de *Juridiction du crû de Guienne*

Cette dernière juridiction comprenait trente-deux communes faisant aujourd'hui partie des départements de Lot-, et-Garonne et de Tarn-et-Garonne. C'étaient : Clairac, Tonneins-dessus, Tonneins-dessous, Aiguillon, Laparade, Lafitte, Grateloup, Verteuil, Gontaut, Caumont, Le Mas-d'Agenais, Lagruère, Calonges, Puch, Damazan, Monheurt, Villeton, Fauillet, Layrac, Moissac, Mondragon, Villeneuve-Lagarde, Villemande, Saint-Pourquier, Les Catelans, Montech, Castel-Sarrasin, Saint-Maixant, Saint-Lary, Les Damps, Vaudreuil et Metz.

En 1680 et le 1er octobre, la ferme du tabac fut réunie aux autres fermes du roi, et comprise dans le bail fait à cette époque avec le nommé P. Boutet. Dans le cours de ce bail, parut l'ordonnance réglementaire du 22 juillet 1681, statuant sur une foule de détails, et fixant les prix auxquels devaient être livrés les tabacs, tant du royaume et des îles françaises que des pays étrangers. Les premiers se vendaient, en gros, 20 sols la livre ; en détail, 25 sols. Les seconds, en gros, 40 sols la livre ; en détail, 50 sols. Il fut encore fixé des ports, tant pour la sortie du royaume des tabacs indigènes, que pour l'entrée des tabacs exotiques : Bordeaux est mentionné dans ces deux listes.

Néanmoins, le bail fait à P. Boutet fut bientôt résilié. Ce fermier eut tour-à-tour pour successeurs : le 26 juillet 1681, Franconnet ; le 18 mars 1687, Doumergue ; le 12 septembre 1691, Pointeau ; le 30 avril 1697, Templier. Le 17 septembre de la même année, fut fait un bail spécial pour le tabac, au prix de 1,500,000 liv. par an. Le 18 septembre 1703, un nommé Germain Gautier traita au même prix.

Au même moment, fut de nouveau publiée une ordonnance royale, destinée à prévenir des fraudes qui paraissaient de plus en plus nombreuses, et que n'avaient pu empêcher des mesures telles que celles énumérées dans une autre ordonnance du 22 juillet 1681, et, entre autres, celle de l'établissement de bureaux et de commis dans les lieux où était permise la culture. Ces commis étaient chargés de recevoir les déclarations des terres à planter, et devaient délivrer les congés requis pour la fabrication. Tout tabac illicitement planté donnait lieu à la confiscation et à 1,000 liv. d'amende.

En outre, il paraît qu'on s'était aperçu d'un abus auquel donnait lieu l'opinion encore répandue des propriétés médicales du tabac. Un arrêt du Conseil d'état, du 28 juin 1689, avait fait défense aux apothicaires et tous autres, d'ensemencer leurs terres et jardins en tabac, sous les noms d'*Herbe de Nicotiane* ou autres, à peine de confiscation et de 1,000 liv. d'amende.

Les baux continuèrent pour la vente exclusive du tabac, Le 24 juillet 1708, il en fut fait un à Charles Michaud au même prix que le dernier ci-dessus mentionné. En 1714, on traita avec Guillaume Filtz, et cette fois-ci le prix fut porté à 2,000,000 de liv. Il augmenta progressivement et atteignit bientôt 4.020,000 liv.

Faisons observer aussi qu'à mesure de l'augmentation du produit de la denrée, grandissaient les difficultés de la jouissance absolue pour l'État ou pour ses concessionnaires, et la nécessité, par conséquent, de compliquer la législation sur la matière. Le 3 mai 1712, un arrêt du conseil avait réservé aux seuls fermiers et sous-fermiers de la régie, la même préférence, pour la vente du tabac en feuilles, qu'ils avaient déjà obtenue pour celle du tabac fabriqué, en payant le prix convenu entre le vendeur et l'acheleur. Enfin, il avait été fait défense aux habitants des crûs de Guienne et de Languedoc de faire des traités, pour la vente de leur tabac fabriqué ou en feuilles, autrement que par devant notaire.

Ce que l'on entendait par *tabac fabriqué* n'était autre qu'un commencement de la préparation exigée pour sa mise en poudre, à mesure des besoins du consommateur. Voici du reste une permission donnée pour cette préparation : elle révèle des expressions singulières et malheureusement, inconnues aujourd'hui dans le vocabulaire technologique des manufactures impériales :

« Nous soussigné, etc..., avons permis au sieur
» Salomon Bourrillon, de filer ou faire filer le tabac qu'il
» recueillera la présente année, dans la quantité de deux
» cartonats de terre qu'il a ci-devant déclarée avoir ense-
» mencée, au fur et à mesure que le temps sera propre à
» filer, et définitivement jusqu'à la fin du mois de décem-
» bre prochain. A la charge qu'il ne fera, ni ne fera faire
» aucune *andouille* (1) ni rouleaux, et qu'il ne pourra
» rouler en *lacs d'amour*, qu'il mettra tous ses tabacs en
» pelotons, etc. »

» Tonneins, le 20 novembre 1709. »

Quant à la vente de la denrée, elle exigeait aussi une permission dont nous pouvons fournir le modèle :

_____

(1) Ce mot, qui semble répugner aujourd'hui à la délicatesse de notre langage, désignait une préparation de charcuterie faite avec des boyaux de porc, farcis de chair hachée du même animal. Jusque dans ces dernières années, on a vu à Bordeaux une rue ainsi désignée (aujourd'hui rue de la Crèche). « Ce nom lui avait été donné, dit l'auteur du *Viographe bordelais*, à l'occasion d'un charcutier qui vint s'y établir sur la fin du XVIIe siècle, et qui eut

« FERME GÉNÉRALE DU TABAC

» Nous soussignés, commis de la ferme du tabac au
» bureau de Tonneins, pour maître Charles Michaud, fer-
» mier-général du Roi, avons permis à M. de La Berna-
» taire, de la paroisse de Lagruère, de vendre à ceux
» qui ont permission de nous d'acheter, et non à d'autres,
» tous les tabacs qu'il recueillera la présente année sur la
» quantité de douze journaux de terre située en Lagruère,
» et qu'il a ci-devant déclarée avoir plantée en tabac.
» 29 octobre 1712. »

Nous avons, ci-dessus, laissé le tabac sous le régime
où l'avait placé des conditions faites avec les régies géné-
rales, et assurant en définitive à l'État, pour cet objet,
un revenu annuel de 4,020,000 liv. Mais cet arrangement
cessa bientôt pour faire place à un système dans lequel
le tabac devint marchand dans toute l'étendue du royaume :
disposition nouvelle qui ne dura pas non plus et finit, en
vertu sans doute de cette déclaration du Roi, du 17 octobre 1720..... : « Nous avons réuni et réunissons nos
» fermes de tabac à nos fermes unies, dont la Compagnie

» une grande vogue pour la préparation des andouilles. Les Français
» ont été très-friands de ce mets, témoin les fameuses andouilles de
» Troyes et de Blois, qui étaient autant recherchées des gastronomes
» d'alors qu'elles le sont peu actuellement. »

Ajoutons que c'est dans une maison de cette même rue que fut
commis, le 8 juillet 1787, l'un des plus grands crimes dont la cité
ait gardé le souvenir l'assassinat de l'horloger Benoît, par Campalet
et Lasneau

» des Indes (1) est adjudicataire, sous le nom d'Armand
» Pillavoine....; et au même prix de 4,020,000 liv. »

Malgré la courte durée du régime auquel mettait fin cette
déclaration, les consommateurs avaient eu le temps de
faire une telle provision de tabac, que le produit de l'impôt en subit une réduction des plus sensibles. La Compagnie des Indes, à laquelle le gouvernement devait 90 millions de liv., régit elle-même la ferme des tabacs, après
avoir obtenu de ce dernier d'en supprimer la culture en
France, dans toutes les provinces où elle avait été jusque-
là permise. L'arrêt du conseil, du 29 décembre 1719,
avait effectivement « Fait défense à toute personne, même
aux habitants des crûs, d'en planter dans leurs terres,
jardins, etc ...., à peine de 10,000 liv. d'amende. » Une
autre disposition royale, la déclaration du 1er août 1721,
avait dit encore : « Le fermier a seul, et à l'exclusion de
tous autres, le privilége de faire fabriquer, vendre et

_____

(1) Fondée par Colbert en 1664, cette grande Compagnie commer-
ciale devait embrasser le commerce des deux Indes. Louis XIV lui
accorda de grands priviléges, et entre autres celui de naviguer seul,
pendant 50 années, dans les mers des Indes, de l'Orient et du Sud ;
il lui fit don de quatre millions, et son fond social fut fixé à quinze
millions de livres. Tous les négociants de France, et même de
l'étranger, furent invités à entrer dans la Compagnie, et c'est à ce
propos que nous lisons dans la *Chronique bordelaise*, 26 juin 1664,
ce qui suit : « Se fit une assemblée des *cent trente* (conseil extraordinaire de la ville) pour savoir le nom des négociants qui vou-
» draient s'associer dans la Compagnie des Indes orientales que le
» roi avait établie. »

Après une durée qui ne fut pas toujours prospère, la Compagnie
des Indes fut supprimée, par décret de la Convention nationale du
30 avril 1790.

débiter dans le royaume, toutes sortes de tabacs en feuilles, en cordes et en poudre, et d'établir à cet effet des manufactures, magasins, bureaux et entrepôts, des commis et gardes, en tel nombre et dans les villes et lieux qu'il jugera à propos. »

Nous voyons aussi un bail passé le 19 août 1721, avec Édouard Duverdier, de la ferme générale des tabacs pour neuf ans, qui devait donner : la première année, 1,300,000 liv. ; la seconde, 1,800,000 liv. ; la troisième, 2,500,000 liv. ; les six dernières, 3,000,000 de liv. chacune (1).

Le 6 septembre 1723, ce bail fut cassé et la Compagnie des Indes fut de nouveau concessionnaire du privilége. De nouveau aussi, la plantation fut interdite en France.

Dans cette dernière situation, il devint nécessaire de désigner les ports de mer, par où pénétreraient les tabacs venant d'Amérique et les villes frontières devant donner accès à ceux que fourniraient les contrées de l'Europe. Ces ports furent au nombre de quatorze, y compris celui de Bordeaux; ces villes au nombre de quinze.

Quant à la suppression de culture, on comprend combien elle dut être sensible et combien elle souleva de réclamations. « Elle porta un coup mortel à l'agriculture et au commerce. Le gouvernement fit de vains efforts pour

_____

(1) Voici un document du même temps et tout-à-fait particulier à notre localité. C'est une ordonnance de l'intendant de la généralité de Bordeaux, Boucher, fixant les prix auxquels devaient être débités les tabacs, selon les noms qu'ils portaient alors. Brésil, 4 liv. 9 la livre pesant ; Hollande, 5 liv. ; Virginie pressé de Tonneins, 2 liv. ; Pressé sans côtes de Clairac , 1 liv. 12 s. ; Espagne pur et parfumé, 8 liv. 16 s. — Bordeaux, le 5 juin 1722.

transporter dans nos colonies cette branche d'industrie agricole ; les cultivateurs qui furent envoyés à la Louisiane y furent cruellement abandonnés. Ces malheureux, qui périrent de misère ou furent massacrés par les sauvages, étaient des environs de Clairac. C'était de là qu'on les avait tirés, parce que les habitants de cette contrée étaient en effet les plus instruits, les plus habitués dans la culture du tabac (1). »

L'agriculture, qui s'était engagée avec les fermiers généraux à planter le tabac à la distance de 2 pieds 4 pouces (0ᵐ 75ᶜ) en tous sens, perdit là un but de travail qui réagissait de la manière la plus heureuse sur ses autres produits : le tabac alternant, selon les localités, avec le froment ou avec le seigle. Elle perdit aussi un produit annuel de 60 à 80,000 quintaux de feuilles, quantité moyenne du crû de Guienne, ordinairement vendu 10 liv. le quintal aux fabricants.

Quant à l'industrie, « il y avait, dit un autre auteur déjà cité, à Clairac et à Tonneins, soixante marchands de tabac qui avaient chacun leurs magasins et leurs fabriques, une Compagnie de marchands italiens, des entrepreneurs pour faire le tabac façon Brésil, sans parler de tant d'autres marchands répandus dans tout le crû. »

Pour achever ce rapide exposé des fluctuations principales éprouvées par l'administration du tabac en France, jusqu'à la Révolution, enregistrons encore un bail du 5 septembre 1730, passé pour huit ans avec la ferme générale, et assurant à l'état un revenu de 7,500,000 liv. par

_____

(1) Duburga : *Mémoire théorique et pratique sur la culture du Tabac* Agen, 1805.

an Enregistrons enfin celui conclu avec Salzar, en 1780, et portant ce même revenu à 27 millions.

On évaluait alors à 15,000,000 de liv. pesant le tabac vendu annuellement en France, par 40,000 débitants. Sur cette quantité, un douzième environ était du tabac à fumer, et chaque consommateur paraissait en absorber, de cette façon ou en poudre, de $^7/_8$ à $^5/_4$ de livre par an.

Dans un temps où des principes d'une valeur après tout bien exagérée, semblaient devoir maîtriser les faits souvent les plus impérieux, le monopole du tabac parut une institution condamnable et qu'il fallait se hâter de détruire. Effectivement, par une loi de l'Assemblée constituante, du 20 mars 1791, ce monopole fut aboli. La culture, le commerce, la fabrication et le débit de la plante, furent permis à tous et partout. Néanmoins, on continua à prohiber l'importation des tabacs étrangers fabriqués et ceux en feuilles ne furent admis que moyennant certains tarifs.

Mais bientôt les faits reprirent leur empire et les besoins du trésor firent comprendre combien était vraie, en matière de finances, cette opinion jusque-là admise : « L'impôt sur le tabac est, de toutes les contributions, la plus douce et la plus imperceptible, et on la range, avec juste raison, dans la classe des habiles inventions fiscales. » Alors on fit la loi du 22 brumaire an VII (12 novembre 1798). Cette loi, tout en maintenant la liberté précédemment établie, gréva tout fabricant d'une taxe spéciale de quatre décimes par kilogramme pour le tabac en poudre ou en carotte, et de deux décimes quatre centimes pour le tabac à fumer et en rôle.

Mais les besoins du trésor augmentant, on devint plus exigeant encore à l'égard de la denrée éminemment in-

posable de notre époque, et l'on commença de nouveau à
se départir du système de liberté sous lequel on avait
voulu la placer. Tant il est vrai qu'on ne peut ni gouverner,
ni administrer avec des principes inflexibles. Un décret
du 16 juin 1808, imposa à tout particulier voulant cultiver
le tabac, l'obligation d'une déclaration préalable aux agents
du fisc. De nouveau la plante fut assujettie à l'exercice, à
la surveillance et à la vérification, par ce que l'on appelait
alors la régie des *droits réunis*.

De là au rétablissement complet du monopole, il n'y
avait pas loin, et ce rétablissement ne se fit pas attendre ;
mais avant de nous en occuper, jetons encore un coup
d'œil en arrière et voyons quels avaient été les progrès, à
travers les changements nombreux du régime des tabacs,
de l'impôt prélevé annuellement sur cette plante. Il avait
produit en livres tournois :

En 1697, 2,250,000 liv.   En 1722,   1,900,000 liv.
En 1714, 3,000,000 :   En 1730-34, 7,500,000.
En 1718, 4,020,000 :   En 1734,   8,000,000 : .
En 1721, 1,400,000.   En 1789,   37,562,004.

L'abolition de la ferme générale, en 1791, arrêta brus-
quement cette progression ascendante et sembla tarir
complètement la source de l'un des plus beaux revenus
de l'État. En 1801 encore, ce revenu ne s'élevait qu'à
1,129,708 fr. 25 c., et s'il s'améliora ce ne fut que pour
atteindre en moyenne, jusqu'au 24 février 1804,
4,800,000 fr. par an.

De cette dernière époque, jusqu'au 1er mai 1806, perçu
par l'administration des droits-réunis, l'impôt donna en
moyenne annuellement, 12,600,000 fr ; de 1806 à 1811,
ce chiffre atteignit 16,000,000.

D'après la loi de 1804, les tabacs étrangers payaient : importés par navires français, 88 fr. par quintal ; par navires étrangers, 110 fr. Un décret du 28 février 1806, doubla ces droits.

Enfin, parut le décret du 29 décembre 1810 ; qui rétablit complètement le monopole en faveur de l'Etat et commença cette période qui dure encore ; et pendant laquelle le produit de l'impot n'a cessé de s'accroître (1). De 1811 à 1814, le total du produit net fut de 93,855,842 fr. L'année 1815 donna, 32,123,303 fr. L'année 1823, 41,584,489 fr. En nous bornant maintenant aux indicacations décennales, nous signalerons : pour 1833, 49,328,280 fr. ; pour 1843, 77,368,735 fr. ; pour 1853, 105,168,428 fr. ; enfin, pour 1863, dernière année complètement réglée, 170,873,914 fr.

Voici au surplus comment l'administration établit ces derniers chiffres :

Produit brut des ventes de l'année.......	227,557,517
A déduire :	
Achat de 31,486,528 tab. 37,372,227.	56,683,603
Transport, exploitation, etc. 19,311.376.	
Produit net..........................	170,873,914

On a vu, ci-dessus, combien la province de Guienne s'était trouvée, dès l'introduction du tabac en France, intéressée au succès de cette plante. On a vu quels furent

---

(1) Bien que fort jeune alors, nous nous rappelons néanmoins la sensation profonde que produisit dans le Lot-et-Garonne, où nous habitions alors, cette décision. Il nous est même resté dans la mémoire jusqu'à certains refrains de chansons que l'on composa à ce

les bénéfices qu'en retira son agriculture, pour laquelle il devint, en plusieurs localités, une base essentielle de l'exploitation du sol. L'industrie de cette belle province lui dut aussi un de ses avantages les plus marqués, et ce furent deux petites villes particulièrement qui retirèrent, de la fabrication du tabac, des bénéfices considérables et une réputation universelle : Clairac et surtout Tonneins.

Dès le milieu du XVIIe siècle, cette fabrication était en pleine activité à Tonneins, et les produits qu'elle livrait à la consommation étaient tellement connus, et appréciés que, lors du nouveau bail fait avec la ferme-générale, en 1721, il fut établi dans cette ville une manufacture royale, de même qu'à Paris, le Havre, Morlaix, Dieppe, Toulouse, Cette, Valenciennes et Nancy.

Un auteur de la localité a recueilli, comme faits conservés par la tradition, les détails suivants, également démonstratifs de l'ancienne réputation des tabacs de Tonneins et de la sollicitude locale pour cette réputation : « En 1758, M. Sabattier, étant à la tête de la manufacture, la ferme-générale voulut faire constater la qualité supérieure des tabacs fabriqués à Tonneins et en faire rechercher les causes. Après avoir mis en fabrication, dans trois manufactures au nombre desquelles était celle de Tonneins, des quantités égales de feuilles de tabac de même qualité et de même poids, elle fit procéder à la vérification des

---

sujet et que l'on dirigea surtout contre le personnel de l'administration, formée pour la surveillance du tabac. On a souvent dit qu'en France, tout finissait par des chansons et, dans tous les cas, les choses se passèrent alors conformément à ces paroles que l'on prête en matière d'impôt, au cardinal Mazarin : *Ils chantent, ils paieront*, et en effet, depuis lors, on n'a pas cessé de payer de plus en plus.

produits, et il fut constaté que le tabac fabriqué à Tonneins avait, en qualité et en poids, une supériorité marquée sur les autres. Des chimistes furent consultés, et ils attribuèrent cette différence notamment aux eaux de la ville (1). »

Selon d'autres, ce serait dans la variété du tabac produite par les planteurs de la contrée, dans les qualités que lui communique la nature particulière de ses terres et de son climat, qu'il faudrait principalement aller chercher l'explication de cette supériorité. De la sorte on trouverait là un exemple de plus de ces monopoles dont jouirent quelques contrées de l'antiquité et que l'on voit se reproduire de nos jours pour certaines denrées de la culture; pour le vin, par exemple, dans le Bordelais, la Bourgogne, la Champagne, etc... Il y aurait aussi, à cet égard, et l'on a vu qu'il y avait déjà alors, une aptitude toute spéciale d'une population intelligente et laborieuse pour un genre de fabrication dont les matériaux croissaient autour d'elle dans les meilleures et les plus heureuses conditions.

La manufacture de Tonneins devait alors fournir à la consommation de la Basse-Guienne, de la Gascogne et du Béarn: Libre d'ailleurs de suivre ses traditions particulières et d'inscrire son nom sur ses vignettes, elle acquit une vogue qui dépassa souvent les produits qu'elle pouvait livrer au commerce, malgré un personnel de douze cents ouvriers sédentaires et une foule d'autres agents et artisans répandus dans la ville et dans la campagne.

Quand vint la loi abolissant le monopole (20 mars 1791), l'industrie particulière se substitua à celle de l'adminis-

---

(1) M. Lagarde : *Recherches historiques sur la ville de Tonneins*

tration. De son côté, la culture redoubla d'efforts et l'on vit s'établir et prospérer, à Tonneins ; cinq manufactures distinctes, occupant deux mille ouvriers et livrant ensemble, annuellement, deux millions de kilogrammes de tabac fabriqué.

Le décret du 19 décembre 1810 ayant rétabli le monopole, Tonneins n'eut plus que la seule manufacture impériale. Il en fut également formé à Paris, Lyon, Morlaix, Bordeaux, Toulouse, Strasbourg, Bruxelles, Lille, le Havre, Cologne, Nancy et Marseille.

Bien que la manufacture de Tonneins eût pour circonscription d'approvisionnement treize départements, elle dut néanmoins souffrir de la mesure qui soumettait à une uniformité absolue la fabrication des tabacs français : mêlant partout les matières à employer, exotiques et indigènes, dans les mêmes proportions, et lui enlevant ainsi l'originalité de ses produits. Elle dut souffrir aussi du voisinage trop rapproché de Bordeaux et de Toulouse : villes nécessairement appelées à donner à leurs manufactures un très-grand développement.

Ce fut cette dernière circonstance surtout qui devint redoutable, sous le règne de Louis XVIII, alors que M. de Villèle, ministre des finances, soumettait à une habile réforme toute notre organisation financière.

Habitant alors ce pays, nous nous rappelons une anecdote qui y eut cours et qui décida, disait-on, de la conservation de la manufacture de Tonneins : ce ne serait pas la première fois, d'ailleurs, qu'un bon mot, une spirituelle réponse, auraient obtenu de pareils résultats.

Plus que jamais, il était question de supprimer la manufacture de Tonneins. Les alarmes allaient croissant,

3

quand on songea à s'adresser à M. de Martignac, alors
député de l'arrondissement de Marmande et directeur
général des domaines.

Un matin, ce célèbre avocat se présente chez
Louis XVIII, pour les besoins du service important qui lui
était confié. Il avait eu soin de se munir d'une très-belle
tabatière; il l'avait garnie du meilleur tabac de Tonneins,
et, adroitement et sans avoir l'air d'y songer, il la glissa
sur le bureau où il avait déposé son portefeuille. Le roi,
grand amateur, dit-on, plongea aussitôt les doigts dans la
tabatière, et, dès qu'il eut aspiré la première prise, on vit
se peindre sur son visage un vif sentiment de satisfaction.
— « Vicomte, dit-il, voilà de bon tabac; d'où vient-il? »
— « Sire, répondit M. de Martignac, c'est du tabac de
Tonneins, ce qui n'empêche pas, ajouta-t-il aussitôt,
qu'on veut faire signer à Votre Majesté une ordonnance
portant suppression de la manufacture royale de cette
ville. » — « Je ne signerai pas cette ordonnance, dit le
roi, soyez sans crainte. » Effectivement, la manufacture
de Tonneins existe encore.

Nous avons plusieurs fois déjà cité le nom de Bordeaux
à propos du tabac, mais toujours en vue de désigner le
port, soit pour la réception des tabacs exotiques, soit pour
l'expédition des tabacs indigènes. A part cela, il n'y avait
dans cette ville qu'un entrepôt pour la consommation
locale, admettant un directeur, un receveur et un en-
treposeur.

Quand la plantation et la fabrication furent libres (loi
du 20 mars 1791), l'agriculture fit des tentatives souvent
heureuses pour produire du tabac, et l'industrie, de son
côté, créa quelques établissements pour la préparation de

cette denrée, que lui fournissait également le commerce.

Mais ce régime, on l'a vu, eut peu de durée, et ce fut comme conséquence de sa cessation, qu'il fut établi à Bordeaux, en 1810, une manufacture impériale des tabacs. Pour cet objet, on choisit un grand édifice, alors presque complétement hors ville, et qui n'avait pas été construit dans cette intention, malgré tous les avantages qu'il présentait. Le nom de la place qui se trouve au-devant, *place Rodesse*, est celui du spéculateur qui avait acheté d'abord tous ces terrains, démembrés des marais alors en voie d'assainissement, dits *Marais de l'Archevêché*.

En 1765, un nommé Vital Muret avait obtenu un privilége exclusif, dont il jouit jusqu'en 1784, pour tenir, sur les places publiques, des carosses de louage : genre d'industrie qui n'existait pas encore à Bordeaux. D'abord installée dans le Palais-Gallien, cette entreprise ne put y demeurer, à cause de la disette d'eau, et c'est elle qui fit construire l'édifice spécial, l'hôtel des Fiacres, servant aujourd'hui de Manufacture impériale des tabacs. Pour ce dernier usage, le gouvernement l'acquit d'un sieur Schuller ; et, depuis, il y a été fait d'importants travaux, notamment ceux que dirigea M. Bonfin, architecte, en 1824 (1).

Nous ne pensons pas qu'il soit nécessaire de suivre la manufacture impériale des tabacs de Bordeux dans ses

---

(1) Signalons ici un autre fait dont les motifs sont maintenant faciles à comprendre, mais dont nous ne devons pas moins louer l'opportunité et la convenance : c'est le nom de *rue Nicot*, donné à la voie nouvelle qui longera la façade ouest de la Manufacture impériale des tabacs.

Disons aussi, puisqu'il s'agit d'un détail agricole, que le premier fermier de l'entreprise des fiacres, M. Herbert, avait publié, en

développements successifs. Nous dirons seulement que,
sous l'influence de la consommation toujours croissante du
tabac, elle a partagé le progrès des autres établissements
analogues de la France. Grandement assistée, dans les premières années de son existence, par les ouvriers de Tonneins, qui lui portèrent les connaissances et les traditions
dès longtemps acquises à leur ville, elle n'a cessé de livrer
à la consommation des produits justement estimés, et son
personnel, qui ne s'élevait encore en 1843, d'après l'auteur de la *Statistique du département de la Gironde*, qu'à
trois cent cinquante, atteint aujourd'hui quinze cents tra-
-vailleurs des deux sexes.

Mais une circonstance capitale pour la Gironde, dans
l'ordre de faits dont nous nous occupons, ce fut la pro-
mulgation du décret du 17 novembre 1854, par lequel
S. M. l'Empereur autorisait la culture du tabac dans ce
département. « Vous verrez ainsi que moi, disait la cir-
culaire préfectorale annonçant cette décision aux futurs
planteurs, dans cette importante mesure, une nouvelle
preuve de la sollicitude particulière du gouvernement de
l'Empereur à l'égard de nos contrées. » Désireux nous-
même d'offrir, en cette occasion, aux cultivateurs de la
Gironde, ce que nous savions sur la matière en théorie et
en pratique, nous publiâmes alors un petit livre sous ce
titre : *Instruction sommaire sur la culture du tabac dans
le département de la Gironde* (1).

1756, un opuscule intitulé : *Discours sur les vignes.* Nous avouons
avec regret que tous nos efforts pour connaître cet ouvrage ont été
jusqu'ici infructueux.

(1) Ce livre a reçu une seconde édition, avec figures, en 1863, et
fait partie du Catalogue de la *librairie agricole*, rue Jacob, 26, à
Paris.

Dans ce livre, où ce qu'avaient écrit les auteurs les plus compétents, sur une culture, sinon difficile au moins délicate et assujettissante, nous joignîmes ce qu'une longue expérience avait révélé de plus précis, de plus positif, de plus avantageux dans quelques départements voisins : ceux de Lot-et-Garonne, et du Lot. Nous crûmes surtout devoir insister sur ce point capital et peut-être trop peu connu encore, que la culture du tabac est une *culture industrielle* ; une culture réclamant à la fois et le concours dont Dieu dispose par le climat et la terre, et celui dont peut user l'homme, par sa sollicitude, son application et son intelligence. Nous cherchâmes ainsi, afin de mettre en garde contre de regrettables mécomptes, à appliquer plus particulièrement au tabac ce qu'un célèbre économiste, J.-B. Say, exprime par ces quelques mots : « Celui-là n'est pas cultivateur qui se contente de recueillir des mains de la nature. »

Quant aux résultats obtenus par la nouvelle culture, sous un climat, dans des terres et au milieu de circonstances naturelles si favorables à un autre produit, qu'apprécient également l'odorat et le goût, nous ne saurions les indiquer d'une manière assez précise. D'ailleurs, il y a en tout une expérience à acquérir, une expérience que donne le temps, et c'est là ce qu'ont dû rechercher d'abord, et les planteurs, et l'administration elle-même. — Aujourd'hui, on sait quelle peut être la valeur des tabacs de la Gironde ; on sait aussi quels résultats peut espérer la culture, dans un genre de production sur laquelle l'habileté, l'assiduité, l'attention exercent une influence au moins aussi grande que la terre et le climat.

Voici, au surplus, quelle progression annuelle a suivie la culture du tabac dans le département de la Gironde, depuis le décret y autorisant la plantation :

En 1855 et 1856, 200 hectares.
En 1857 et 1858, 290   »
En 1859 et 1860, 500   »
En 1861,   555   »
En 1862 et 1863, 700   »
En 1864 et 1865, 960   »

Arrivé au point où nous ont conduit les détails qui précèdent, il serait temps sans doute de nous arrêter. Toutefois, nous ne prendrons ce sage parti qu'après avoir ajouté que le tabac, déjà en rapport avec tant d'hommes et avec tant de choses, devait aussi rencontrer un poète, et que cette rencontre il devait la faire à Bordeaux.

Les poètes, si justement épris des magnificences de la nature sauvage, n'ont en général qu'une médiocre estime pour cette même nature, soumise par l'intelligence et le travail de l'homme, et assujettie aux lois prosaïques de la culture. Cependant, Hésiode a chanté l'agriculture des premiers Grecs; Virgile a résumé, dans d'admirables vers, les préceptes de celle des Romains; plusieurs poètes français ont voulu imiter ce grand maître, et l'on sait que les Chinois possèdent un poème tout entier sur le mûrier et le ver-à-soie. Certes, la plante la plus extraordinaire des temps modernes, par sa propagation, l'immense développement de sa culture et son incomparable valeur fiscale, méritait aussi les chants que lui consacra un rimeur de la localité, trop fécond, disait M. H. Minier devant l'Académie des sciences, belles-lettres et arts de Bordeaux, pour ne pas être quelquefois heureux. Ce bonheur, il ne nous appartient pas de dire si l'on en rencontre des traces dans l'œuvre dont voici le titre : *Le Tabac, poème en deux chants, par Romain Dupérier de Larsan, bachelier des*

Sorbonne, *défenseur officieux, ci-devant rédacteur de la* "Feuille littéraire" *de Bordeaux, et auteur de plusieurs poèmes, pièces dramatiques et œuvres musicales* (1). Avec cette épigraphe, empruntée à T. Corneille :

Et qui vit sans tabac, est indigne de vivre.

Tout ce que nous pouvons dire, retenu en outre par le motif essentiellement agricole qui nous fait écrire cette notice, c'est que nous avons rencontré dans l'œuvre, aujourd'hui bien ignorée, que nous rappelons, quelques passages intéressants à la louange du tabac. Celui-ci, par exemple, un peu à la manière d'Horace :

Il fait émigrer le chagrin,
Procure une agréable ivresse,
Au ris, il m'excite sans cesse,
Il rend toujours mon front serein ;
Il sait, prodigue d'allégresse,
Dicter à table un doux refrain.
Par lui, toujours de veine en veine
Le sang circule ; et mon esprit
Plus librement se reproduit,
En éconduisant la migraine.

La pipe a aussi son éloge, il en est de même de la tabatière : pour celle-ci, d'ailleurs, c'était le temps où la

---

(1) Bordeaux, Imprimerie Coumès, rue Porte-Dijaux, n° 64.

Membre d'une honorable famille du Bordelais, l'auteur du poème du tabac était né à Lesparre, le 16 juin 1756, il mourut à Bordeaux en 1829. Bien des personnes se rappellent encore ce versificateur fécond, toujours prêt à lancer un impromptu, à laisser échapper un mot spirituel et piquant.

mode, que l'on a si justement comparée à une roue, l'avait élevée autant qu'elle l'abaisse de nos jours :

O tabatière! pour la vie
Je suis aux prises avec toi;
Je suis franc, c'est sans ironie,
Je t'épouse, reçois ma foi.
Divorcer n'est pas mon envie,
Tabac, le bonheur de mes jours,
Bannis-en la monotonie,
Ou daigne en prolonger le cours.

Nous ne savons pas si l'on peut dire du tabac ce que l'on a dit du vin, qu'il est un produit civilisateur. Dans tous les cas, on a vu que, par ce produit encore, nos contrées ont exercé, sur le reste du pays et bien au-delà, une influence dont nous venons de signaler les phases diverses, et que nous aimons à considérer comme favorable au bien de l'humanité. On a vu aussi que, sur la riche terre de Guienne, rien n'a manqué au tabac : ni l'agriculture pour le produire en abondance et de qualité supérieure, ni l'industrie, pour varier ses nombreuses préparations; ni le commerce, pour en assurer le placement lointain; ni même la poésie, pour en exalter le mérite.

(Leçons de 1866.)

Maison LAFARGUE : Coderc, Degréteau et Poujol, sur.

Bordeaux. — Imp. de F. Degréteau et Cie.

www.ingramcontent.com/pod-product-compliance
Lightning Source LLC
Chambersburg PA
CBHW060456210326
41520CB00015B/3979